AF341797

NOTE

SUR

L'ACTION MUTUELLE D'UN AIMANT

ET D'UN CONDUCTEUR VOLTAIQUE.

PAR M. AMPÈRE.

A PARIS,

CHEZ BACHELIER, LIBRAIRE,

QUAI DES AUGUSTINS, n° 55.

1828.

DE L'IMPRIMERIE DE C. THUAU,

RUE DU CLOÎTRE SAINT-BENOÎT, n° 4.

NOTE

SUR

L'ACTION MUTUELLE D'UN AIMANT

ET D'UN CONDUCTEUR VOLTAIQUE.

———

(Extrait des *Annales de Chimie et de Physique*, 1828.)

L'ACTION mutuelle d'un aimant et d'une portion infiniment petite de fil conducteur s'exprime au moyen
d'une formule très-simple qui a d'abord été énoncée
par M. Biot, d'après des expériences qui, inter-
prétées rigoureusement, n'y auraient cependant pas
conduit, et qui depuis a été déduite par M. Savary
d'une autre formule que j'avais donnée quelque temps
avant que M. Biot fît connaître la sienne. Je ne m'occu-
perai point ici des expériences par lesquelles j'ai démontré l'exactitude de cette dernière, mais je conclurai
de la première qui en est une suite nécessaire et que les
nouvelles expériences de M. Biot, publiées dans la troi-
sième édition de son *Précis élémentaire de physique*,
tome II, page 744, ont vérifiée aussi complètement qu'on
peut le désirer, de nouvelles conséquences, dont l'accord
avec les résultats de l'expérience achèvera de justifier la
théorie que j'ai établie sur ces formules.

Pour se faire une idée nette de la formule dont il s'agit,
il faut remarquer que dans un barreau aimanté EF (fig. 1),

il y a deux points A et B tels que la résultante de toutes les forces exercées par les élémens magnétiques du barreau EF sur une molécule magnétique M est sensiblement la même que celle de deux forces appliquées en M et agissant suivant les droites MA, MB, l'une attractive et l'autre répulsive, et en raison inverse du carré de ces droites, en sorte qu'en faisant $AM = r$ et $BM = r'$, si la force MU suivant MA est $\frac{\mu}{r^2}$, la force MV suivant MB sera $- \frac{\mu}{r'^2}$.

Les points A et B sont ce qu'on nomme les pôles de l'aimant EF.

La réduction de toutes les forces exercées par les élémens magnétiques sur la molécule magnétique M, à ces deux forces $\frac{\mu}{r^2}$ et $- \frac{\mu}{r'^2}$, n'est au reste qu'une approximation ; mais elle suffit pour l'explication des phénomènes généraux que présentent les aimans. M. Poisson a démontré qu'on doit l'admettre rigoureusement pour chaque élément magnétique. Les deux pôles d'un tel élément étant situés sur son axe à une distance trèspetite, qu'on peut prendre à volonté dans l'intérieur de l'élément en faisant varier la constante μ en raison inverse de cette distance, pourvu que celle-ci reste toujours infiniment petite relativement à la distance de l'élément magnétique au point sur lequel il agit. Supposons maintenant qu'au lieu d'agir sur la molécule M (fig. 1), l'aimant EF agisse sur une portion infiniment petite de fil conducteur mM (fig. 2), dont la direction soit quelconque. Si l'on fait $Am = r$, $Bm = r'$, qu'on nomme ω et ω' les angles AmT, BmT, formés par ces droites

GH et par le milieu O de mM un plan, et prenons la valeur de la composante perpendiculaire à ce plan, du étant le double de la projection AnN de AmM sur ce plan, aura pour valeur le carré du rayon vecteur $An = r$ par l'angle nAN; or, en nommant θ l'angle GAn, on a évidemment $nAN = d\theta$, et $du = r^2 d\theta$, ce qui réduit le premier terme de $\dfrac{\mu\, du}{r^3} - \dfrac{\mu\, du'}{r'^3}$, va-leur de la force, à $\dfrac{\mu\, d\theta}{r}$. Pour avoir le moment de rotation résultant de ce terme, il faut le multiplier par la perpendiculaire $OP = r \sin\theta$, et l'on voit que la distance r disparaît de l'expression de ce moment qui est

$$\mu\, d\theta \sin\theta.$$

On trouve de même qu'en nommant θ' l'angle GBn, la valeur du second terme de la même force se réduit à $-\dfrac{\mu\, d\theta'}{r'}$, qu'il faut multiplier par $OP = r' \sin\theta'$ pour avoir le moment qui en résulte, et qui est par conséquent égal à

$$-\mu\, d\theta' \sin\theta';$$

on aura donc

$$\mu\, (d\theta \sin\theta - d\theta' \sin\theta'),$$

pour le moment total avec lequel l'aimant tend à faire tourner autour de son axe la petite portion mM de fil conducteur.

La force totale exercée sur mM par l'aimant EF, et qui se décompose dans les deux forces OU, OV, (fig. 2), peut résulter de différentes manières de forces exercées sur mM par les différens points de l'aimant, suivant les droites qui joignent ces points à cette proportion mM de fil conducteur supposée infiniment petite, et avec la condition que celle-ci réagisse avec des forces égales sur les mêmes points et suivant les mêmes droites. Il faut seulement, pour que les forces $O\,U$, $O\,V$ puissent être perpendiculaires aux plans $A\,m\,M$, $B\,m\,M$, que parmi celles qui émanent de chaque point de l'aimant et agissent sur mM, les unes soient attractives et les autres répulsives, ce qui a lieu, comme on sait, pour toutes les forces exercées par les divers points des aimans. Cette condition de l'action égale à la réaction suivant les mêmes droites entre mM et tous les points de l'aimant, est une suite nécessaire de ce que les molécules des fluides impondérables, ne peuvent agir que comme celles des corps pondérables, et doivent, comme celles-ci, lors même qu'elles sont en mouvement, exercer à chaque instant la même action que si elles étaient en repos là où elles se trouvent à cet instant. On sait d'ailleurs que le mouvement des deux fluides électriques dans le circuit voltaïque s'opère par une série de compositions et de décompositions du fluide neutre, sans qu'il en sorte ou en entre dans le circuit, puis qu'on peut le recouvrir d'un vernis isolant sans rien changer aux actions qu'il exerce. Dèslors on ne peut se refuser à cette conséquence de l'égalité entre l'action et la réaction suivant les mêmes droites, et de tout ce qu'on sait d'ailleurs des lois générales de la nature, que si l'on lie mM (fig. 3) avec l'aimant $E\,F$ de manière à en composer un système de forme invariable, leur action mutuelle ne pourra produire aucun mouvement dans ce système, ce sera comme si cette action n'existait pas , puisque toutes les forces dont elles résultent se trouvent égales et opposées deux à deux , appliquées à des points invariablement liés entre eux et par conséquent en équilibre.

Supposons, comme dans les expériences faites à ce sujet , que la petite portion mM et le barreau EF ne puissent se mouvoir qu'en tournant autour d'un axe quelconque , s'ils sont liés invariablement tout sera immobile ; si on rompt la liaison qui les unit , ils tourneront en sens contraires autour de cet axe avec des momens égaux en intensité , et par conséquent avec des vitesses réciproquement proportionnelles à leurs momens d'inertie pris par rapport à l'axe autour duquel ils sont assujettis à tourner.

Si nous prenons pour cet axe l'axe GH de l'aimant EF, nous aurons

$$\mu \left(d\theta \sin \theta - d\theta' \sin \theta' \right)$$

pour le moment la rotation de mM autour de GH, et

$$- \mu \left(d\theta \sin \theta - d\theta' \sin \theta' \right)$$

pour celui de l'aimant autour de ce même axe.

Si l'on intégre ce dernier pour un arc $L_1 L_2$ de fil conducteur, en représentant par θ_1, θ_2 les valeurs de θ aux points L_1, L_2, et θ'_1, θ'_2, celles de θ' aux mêmes points , on aura pour le moment de rotation imprimée à l'aimant par l'arc $L_1 L_2$,

$$\mu \left(\cos \theta_2 - \cos \theta_1 - \cos \theta'_2 + \cos \theta'_1 \right).$$

Dans la figure 4 ,
$$\theta_1 = GAL_1,$$
$$\theta_2 = GAL_2,$$
$$\theta'_1 = GBL_1,$$
$$\theta'_2 = GBL_2.$$

Il suit de cette valeur que le moment de rotation im-primé à l'aimant autour de son axe GH par l'arc de fil conducteur $L_1 O L_2$ est indépendant de la forme et de la grandeur de cet arc, et ne dépend que de la situa-tion de ses extrémités L_1 et L_2 à l'égard des pôles A et B du barreau EF.

Si on substitue à $L_1 O L_2$ un autre arc $L_1 K L_2$ ter-miné aux mêmes points L_1, L_2, le moment sera exacte-ment le même, pourvu qu'ils soient parcourus par le courant électrique dans le même sens, par exemple, de L_1 en L_2 comme l'indiquent les flèches de la fig. 4.

Mais si l'on change le sens du courant dans $L_1 K L_2$ en le faisant revenir de L_2 en L_1, comme il est mar-qué par les flèches de la figure 5, l'ensemble de $L_1 O L_2$ et de $L_2 K L_1$, qui forme le circuit fermé $L_1 O L_2 K L_1$ n'aura plus d'action pour faire tourner l'aimant autour de son axe GH, puisque les deux parties dont il se com-pose exerceront alors sur l'aimant deux momens de ro-tation égaux et de signes contraires. C'est ce qu'on peut conclure également de la valeur générale.

$$\mu \; (\cos \theta_2 - \cos \theta_1 - \cos \theta'_2 + \cos \theta'_1),$$

puisque, pour un circuit fermé, les deux limites L_1, L_2 étant à un même point, on a

$$\cos \theta_2 = \cos \theta_1,$$
$$\cos \theta'_2 = \cos \theta'_1;$$

et cela soit que l'aimant soit hors du circuit ce qui donne

$$\theta_2 = \theta_1,$$
$$\theta'_2 = \theta'_1,$$

soit qu'il soit dans l'intérieur du circuit et qu'ainsi

$$\theta_2 = \theta_1 + 2\pi,$$
$$\theta'_2 = \theta'_2 + 2\pi.$$

Les physiciens de Genève ont vérifié, par les expériences les plus exactes et les plus multipliées, faites avec des appareils extrêmement mobiles et en variant de toutes les manières possibles la forme des circuits fermés, qu'il est en effet impossible de faire tourner l'aimant autour de son axe par l'action de ces circuits.

Il est évident qu'en prouvant par l'expérience, quelle que soit la forme du circuit fermé, que son action est toujours nulle, on constate en même temps l'exactitude de ce résultat du calcul que le moment de rotation imprimé par un arc quelconque ne dépend ni de sa forme ni de sa grandeur, mais seulement de la situation de ses extrémités relativement aux pôles de l'aimant; car si les actions des deux circuits fermés représentés par $L_1 O L_2 K L_1$ et $L_1 O L_2 K' L_1$ (fig. 6) qui ont une partie commune $L_1 O L_2$, sont toutes deux nulles, il faut bien que les actions exercées par les arcs $L_2 K L_1$, $L_2 K' L_1$ soient égales, puisqu'elles font également équilibre à l'action de $L_1 O L_2$.

Lorsque M. Faraday eut annoncé que, d'après ses expériences, il était impossible de faire tourner un aimant autour de son axe par l'action d'un fil conducteur, je m'assurai aisément que cela venait de ce que la réunion des fils conducteurs et de la pile forme nécessairement un système de circuits fermés dont nous venons de voir que l'action rotatoire est toujours nulle. Alors il me vint l'idée de faire passer une portion du courant

par l'aimant ; comme cette portion forme dans ce cas
un système invariable avec l'aimant , elle n'exerce plus
aucune action pour le mouvoir , c'est comme si elle
était anéantie ; d'où il suit que le reste du circuit qui exer-
çait une action égale et opposée à la sienne , agit seul
alors et fait tourner l'aimant , pourvu que le moment

$$\mu \left(\cos \theta_2 - \cos \theta_1 - \cos \theta'_2 + \cos \theta'_1 \right)$$

ne soit pas par hasard nul.

Les points L_1, L_2 sont, dans ce cas, celui où le courant entre dans l'aimant, et celui où il en sort.

J'observerai à ce sujet que quand ces points d'entrée
de sortie L_1, L_2, (fig. 7) sont dans l'axe de l'aimant,
il ne peut y avoir de rotation , parce qu'alors

$$\theta_1 = 0, \ \theta'_1 = 0, \ \theta_2 = \pi, \ \theta'_2 = \pi,$$

ce qui donne

$$\cos \theta_2 - \cos \theta_1 - \cos \theta'_2 + \cos \theta'_1 = -1 - 1 + 1 + 1 = 0.$$

Je remarquai bientôt après dans la lettre à M. Faraday , imprimée dans les *Annales de Chimie et de Physique* , qu'au lieu de faire passer une portion du courant par l'aimant, il suffit , pour obtenir la rotation du
barreau autour de son axe, de faire passer le courant
par une portion de conducteur métallique qui lui soit
invariablement lié , et dont les deux extrémités ne soient
pas dans l'axe , parce que cette portion formant avec
l'aimant un système invariable , n'agit plus sur lui, et
que le reste du circuit, qui a les mêmes extrémités , le
fait tourner.

Il y a long-temps que j'ai démontré par le calcul,
dans les ouvrages que j'ai publiés sur ce sujet, que d'a-

(13)

près la valeur du moment de rotation donnée plus haut,
le mouvement de l'aimant restait le même quelque forme
qu'on donnât au reste du circuit ; dire, comme l'au-
teur d'un Mémoire inédit, qu'il faut négliger l'action
de cette partie du courant voltaïque parce qu'elle ne
varie pas quand on en change la forme, c'est comme si
l'on disait que l'action calorifique d'une portion de l'en-
veloppe de chaleur constante doit être négligée parce
qu'elle ne dépend pas de la forme de cette portion.

La substance de cette Note se trouve en entier dans la
*Théorie des phénomènes électro-dynamiques unique-
ment déduite de l'expérience* que j'ai publiée en 1826,
pages 98—102—118—127, 172—180, et les conséquences qui suivent en résultent d'une manière telle-
ment immédiate qu'il serait presque inutile de les énon-
cer, si ce n'était que la parfaite conformité qu'elles
présentent avec les résultats des expériences faites depuis par M. Pouillet, doit être considérée comme une
nouvelle vérification de ma théorie.

Soit qu'on veuille faire tourner une portion de fil
conducteur autour de l'axe d'un aimant, ou un aimant
autour de son axe par l'action de la portion du circuit
total qui ne lui est pas unie en un système invariable,
il est commode de rendre l'axe de l'aimant vertical, et
de faire arriver cette portion de fil conducteur dans une
coupe O (fig. 8) située sur le prolongement GO de l'axe
de l'aimant ; cette coupe est fixe dans le premier cas, soit
qu'elle soit ou ne soit pas en communication avec l'aimant qui est aussi supposé fixe ; mais dans le second,
elle doit, dans la disposition que représente la figure,
être soudée à l'aimant et mobile avec lui.

Quand le point L_1 est sur le prolongement de l'axe de l'aimant, on a $\theta_1 = 0$, $\theta'_1 = 0$; d'où il suit que $\cos \theta_1 - \cos \theta'_1 = 1 - 1 = 0$, qu'ainsi le moment de rotation imprimé au fil $L_1 L_2$ par l'aimant est

$$- \mu \left(\cos \theta_2 - \cos \theta'_2 \right),$$

et que celui qui est imprimé à l'aimant par la partie du circuit qui n'y est pas liée est

$$\mu \left(\cos \theta_2 - \cos \theta'_2 \right)$$

θ_2 et θ'_2 étant les deux angles OAL_2, OBL_2. Quand les choses sont disposées comme dans la figure 8, $\cos \theta'_2 > \cos \theta_2$, en sorte que le premier moment est,

$$\mu \left(\cos OBL_2 - \cos OAL_2 \right),$$

et le second

$$- \mu \left(\cos OBL_2 - \cos OAL_2 \right).$$

Tant que le point L_2 est au dessus du plan horizontal passant par le pôle A, ces valeurs ne contiennent que la différence des deux cosinus, et deviennent très-petites quand le point L_2 est près du prolongement GO de l'axe de l'aimant, parce qu'alors ces deux cosinus diffèrent peu de l'unité.

Quand le point L_2 est dans le plan horizontal dont nous venons de parler, $\cos OAL_2 = 0$, on a donc seulement pour les valeurs des momens

$$\mu \cos OBL_2,$$

et

$$- \mu \cos OBL_2.$$

Lorsque le point L_2 tombe entre ce plan horizontal et celui qui passe par l'autre pôle B, l'angle OAL_2

devient obtus comme on le voit dans la figure 9; on a alors $\cos OAL_2 = -\cos BAL_2$, et comme on peut écrire ABL_2 au lieu de OBL_2, on trouve que les momens sont égaux à

$$\mu\,(\cos ABL_2 +\, \cos BAL_2)$$

et

$$-\mu\,(\cos ABL_2 +\, \cos BAL_2).$$

Les valeurs de ces momens contenant la somme au lieu de la différence des deux cosinus, sont beaucoup plus grandes que dans le premier cas. Si l'on suppose que le point L_2, restant toujours à la même distance de l'axe de l'aimant, réponde successivement à divers points de la longueur de cet axe, il est aisé de voir à la seule inspection de ces valeurs :

1° Qu'elles atteindront leur *maximum* quand le point L_2 répondra au milieu de l'aimant ; elles deviendront alors

$$2\,\mu \cos ABL_2,$$

et

$$-2\,\mu \cos ABL_2;$$

2° Qu'elles seront les mêmes à égales distances au-dessus et au dessous de ce milieu ; c'est ainsi que quand le point L_2 se trouvera dans le plan horizontal passant par le pôle B, on aura pour ces valeurs

$$\mu \cos BAL_2,$$

et

$$-\mu \cos BAL_2,$$

qui sont les mêmes que nous avons trouvées quand L_2 est dans le plan horizontal passant par le pôle A. Enfin, lorsque le point L_2 est situé comme dans la figure 10, on a cos $ABL_2 = -$ cos HBL_2, et les valeurs des deux momens deviennent

$$\mu\,(\cos BAL_2 - \cos HBL_2)$$

et

$$-\mu\,(\cos BAL_2 - \cos HBL_2),$$

qui sont évidemment égales à celles que nous avons trouvées quand L_2 est situé précisément de la même manière au dessus du plan horizontal passant par le pôle A.

Il suit de ces calculs que le sens de la rotation reste toujours le même quelle que soit la position du point L_2; mais qu'après avoir atteint son *maximum* quand ce point est vis-à-vis le milieu de l'aimant, elle va en diminuant à mesure qu'il s'en écarte; elle devient très-faible et susceptible d'être arrêtée par les frottemens quand le point L_2 est près de l'axe de l'aimant et hors de l'intervalle compris entre les deux plans horizontaux menés par les pôles A et B. Si nous considérons en particulier le cas où le point L_2 est dans le plan horizontal passant par le milieu K (fig. 11) de l'intervalle AB des deux pôles, alors les momens sont

$$2\,\mu\,\cos BAL_2,$$

et

$$-2\,\mu\,\cos BAL_2,$$

dont la valeur absolue est d'autant plus grande pour un même aimant que la distance KL_2 est plus petite, et par conséquent aussi l'angle BAL_2; c'est pour cela que quand l'aimant est fixe et que $L_1 M L_2$ est une portion mobile de fil conducteur, elle tourne d'autant plus rapidement autour de l'aimant que son extrémité L_2 est plus près de la surface de cet aimant ; et que quand c'est au contraire l'aimant qui peut tourner autour de son axe, et qu'une portion du circuit total parcourt l'aimant et une roue de métal XL_2Y qui lui est invariablement liée, depuis le point L_1 jusqu'au point L_2, le mouvement que prend le barreau par l'action du reste L_1ML_2 du circuit est d'autant plus rapide que le rayon KL_2 de cette roue est plus petit : il se présente ici une difficulté qu'il est bon d'éclaircir.

Lorsque le point L_2 se trouve aussi dans le prolongement de l'axe de l'aimant, soit du même côté que le point L_1, comme on le voit ici (fig. 12), soit de l'autre côté, ainsi que dans la figure 13, les deux angles θ_2 et θ'_2 deviennent tous deux égaux à o, ou à π, et la différence de leur cosinus étant nulle, le moment de rotation l'est aussi, aussi observe-t-on alors que quand l'arc L_1ML_2 peut tourner librement autour d'un axe fixe passant par ses deux extrémités, il reste immobile, pourvu que les pôles de l'aimant EF soient exactement dans cet axe, et que si les mêmes pôles ne s'y trouvent qu'à peu près, l'arc L_1ML_2 se meut d'autant plus lentement qu'ils en sont plus près, mais seulement pour prendre une position fixe, et non pour tourner d'un mouvement continu autour de l'axe qui passe par ses extrémités.

Considérons un aimant courbé comme on le voit (fig. 14), afin que le milieu de l'axe GH qui joint ses deux pôles se trouve en dehors du barreau, et que l'autre extrémité L_2 du fil L_1ML_2 puisse, de même que la première L_1, être placée sur la direction de cet axe, mais entre les deux pôles A et B ; d'après les calculs de M. Savary et les expériences faites il y a quelques années par différens physiciens sur les aimans annulaires, la courbure de l'aimant ne fait rien à l'action qu'il exerce, elle est donc toujours la même que celle d'un aimant rectiligne qui aurait ses pôles aux mêmes points A et B, et le moment de rotation de $L_1 M L_2$ autour de l'axe GH, qui est égal à $\mu\,(\cos\theta_2 - \cos\theta'_2)$ se réduit à -2μ, parce qu'on a $\cos\theta_2 = -1$ et $\cos\theta'_2 = 1$; aussi voit-on tourner, dans ce cas, la portion de fil conducteur $L_1 M L_2$ autour de l'axe GH, jusqu'à ce qu'elle vienne s'appuyer contre l'aimant, ce qui arrive nécessairement vers un de ses points K compris entre les pôles A et B toutes les fois que l'extrémité L_2 est sur l'axe G entre ces pôles, ainsi qu'on le suppose ici.

Il semble d'abord que c'est cette circonstance seule qui empêche le fil $L_1 M L_2$ de tourner indéfiniment autour de l'axe GH, car si l'on enlève ce fil des coupes O, R, qui le mettent en communication avec les deux extrémités de la pile ; pour le replacer aussitôt dans ces mêmes coupes, de manière qu'il se trouve de l'autre côté de l'aimant, il tournera dans le même sens autour de GH, jusqu'à ce qu'il vienne de nouveau s'appuyer contre l'aimant au même point K, et en le faisant de nouveau passer de la même manière de l'autre côté de l'aimant, cette sorte de mouvement se continuera indéfiniment.

C'est sur cela qu'est fondée la difficulté qu'il s'agit d'éclaircir, et qui m'a été proposée par M. le professeur S. Gherardi.

Elle consiste, en ce qu'il semble, pour me servir des expressions qu'il a employées, que ce n'est qu'un

obstacle physique qui empêche le mouvement de rotation indéfiniment accéléré d'être produit par l'action
mutuelle d'un aimant et d'un fil conducteur dont les
deux extrémités sont dans l'axe, et qu'à considérer
les choses sous le point de vue purement mathématique,
où le fil conducteur passerait à travers l'aimant entre
les élémens magnétiques qui agissent sur lui, ce mouvement indéfiniment accéléré aurait lieu, ce qui est en
contradiction avec la démonstration purement mathématique que j'ai donnée de son impossibilité dans
l'ouvrage déjà cité, page 157, en partant de la seule loi
de l'action mutuelle d'un aimant et d'un fil conducteur.

Cette difficulté disparaît quand on fait attention à ce
que j'ai remarqué au commencement de cette Note, savoir
que la valeur attribuée à la force résultante de l'action mutuelle d'un aimant et d'une portion infiniment petite
de fil conducteur, quelque approchée qu'elle soit lors-
qu'il s'agit d'un aimant de dimensions finies, ne peut,
dans ce cas, être regardée que comme une approximation, et qu'elle n'est rigoureusement exacte que pour
chacun des élémens magnétiques dont l'aimant est
composé.

Or il est aisé de voir que, dans le cas où l'on supposerait que la portion $L_1 M L_2$ de fil conducteur venant
à rencontrer l'aimant en K, le pénétrerait et passerait
entre les élémens magnétiques, l'action de ceux-ci, pour
la faire tourner autour de l'axe GH, changerait de
signe, et que, bien loin qu'on pût regarder alors
comme une approximation le moment calculé relativement aux deux pôles de l'aimant total, ce moment se
trouverait de signe contraire à celui qui, ayant réel-

lement lieu , résulte des actions réunies de tous les élémens magnétiques.

C'est ce que je vais expliquer en détail sur un exemple assez simple pour que cette explication soit facile à suivre.

Cet exemple consiste à ne considérer au lieu de l'aimant qu'une seule série d'élémens magnétiques de même intensité , et dont les axes sont situés dans une ligne quelconque AB (fig. 15) sur laquelle ils se trouvent tous à égales distances les uns des autres. Si l'on suppose d'abord que les pôles de ces élémens soient aux points a, b pour l'un d'eux, a', b' pour le suivant et ainsi de suite , on pourra ; sans changer l'action exercée par ces élémens sur un point O situé à une distance qu'on puisse considérer comme infinie relativement aux intervalles ab, $a'b'$, etc. ; imaginer que les deux pôles de chaque élément magnétique s'écartent l'un de l'autre en diminuant d'intensité en raison inverse de leur distance mutuelle , jusqu'à ce que le pôle boréal de l'élément ab se confonde avec le pôle austral de l'élément $a'b'$, et que la même chose ait lieu pour les pôles de tous les autres élémens , ceux-ci étant supposés équidistans et de même intensité, les deux pôles d'espèces opposées, appartenant l'un à un élément et l'autre à l'élément précédent ou suivant, qui se trouveront ainsi superposés, se neutraliseront mutuellement , en sorte qu'il ne restera que l'action des deux pôles extrêmes, c'est-à-dire le pôle austral α de l'élément A , et le pôle boréal β de l'élément B , précisément comme si , au lieu de tous les élémens magnétiques de la ligne AB , il n'y avait qu'un pôle austral à l'extrémité A de cette ligne ; et un pôle boréal à son extrémité B.

Un aimant peut donc être remplacé par une ligne d'une forme quelconque ainsi occupée par des élémens de même intensité et équidistans, et dont les deux extrémités seraient aux deux pôles de cet aimant. Concevons donc une pareille série d'élémens magnétiques, et voyons ce qui doit arriver à un élément d'un courant voltaïque Mm dirigé comme l'indique la flèche de la figure, et placé à une distance suffisante pour que l'action de AB se réduise, d'après ce que nous venons de dire, à celle des deux pôles extrêmes α et β.

La force relative au pôle austral α tendra à porter l'élément Mm suivant la perpendiculaire OS au plan αMm, du côté de ce plan qui est à gauche d'un observateur qui serait placé dans la parallèle Nn à Mm menée par le point α, et qui, ayant les pieds en N et la tête en n, regarderait l'élément Mm ; par la même raison la force relative au pôle β tendra à porter l'élément Mm suivant la perpendiculaire OT au plan βMm à la gauche d'un observateur placé en β de la même manière, la résultante OR de ces deux forces, dirigée comme on le voit dans la figure, tendra donc à rapprocher, dans ce cas, l'élément Mm de la ligne AB qui représente un aimant ; et il est aisé de voir que si l'on place l'élément Mm dans la même direction en $M''m''$ de l'autre côté de AB, il tendra à s'en éloigner, d'où il semble résulter qu'en le supposant assujéti à tourner autour d'un axe situé convenablement, il pourrait revenir en Mm pour se rapprocher de nouveau de AB, et tourner ainsi d'un mouvement continuellement accéléré s'il pouvait traverser cette ligne, en passant, par exemple, entre les deux élémens magnétiques ab, $a'b'$. Cela n'arrive pas dans l'expérience, parce que le fil conducteur s'appuie contre l'aimant, et l'objection consiste à prétendre qu'il y passerait sans l'obstacle physique que lui oppose l'aimant, en sorte qu'à considérer les choses mathématiquement on pourrait produire un mouvement indéfiniment accéléré par l'action d'un aimant et d'un circuit fermé, dont Mm représente l'élément qui, dans ce mouvement, rencontrerait la ligne AB. La réponse à cette objection est que, même en considérant les choses sous ce point de vue, l'élément Mm ne pourrait jamais passer entre les élémens magnétiques ab, $a'b'$, parce que dès qu'il en serait assez près, comme dans la situation $M'm'$, pour qu'on ne pût plus supposer, sans changer l'action, les deux pôles b et a' superposés, il faudrait considérer au lieu de la série d'élémens magnétiques AB, les deux séries Ab, $a'B$, qui agiraient en vertu des forces relatives aux pôles b et a' en sens contraire des actions relatives aux pôles de noms contraires α et β qui existaient seules dans le cas précédent ; ce qu'on voit dans la figure par les directions de ces forces $O'S'$, $O''T''$, et de leur résultante $O'R'$. D'ailleurs, à cause de la très-petite distance, ces forces deviendraient comme infinies par rapport aux forces relatives aux pôles α, β, dès que l'élément Mm serait sur le point de passer entre les élémens magnétiques ab, $a'b'$; il serait donc violemment repoussé en sens contraire du mouvement acquis, et ce mouvement, à considérer les choses mêmes sous le point de vue purement mathématique, serait bientôt anéanti et remplacé par un mouvement en sens contraire, en sorte qu'on n'aurait que des oscillations autour d'une position fixe, au lieu d'un mouvement indéfiniment accéléré dans le même sens ; ce qui est d'ailleurs rigoureusement démontré pour le cas où le fil conducteur , dont Mm fait partie , forme un circuit fermé , puisque , dans ce cas , l'action peut être ramenée à des forces en raison inverse du carré de la distance qui ne peuvent jamais produire un mouvement indéfiniment accéléré , ainsi que je l'ai expliqué dans l'ouvrage intitulé : *Théorie des Phénomènes électrodynamiques , uniquement déduite de l'expérience* , pag. 157.

Le même changement dans la direction de l'action exercée par la série d'élémens magnétiques AB qui a lieu à l'égard de l'élément de fil conducteur Mm lorsque cet élément est successivement placé hors de l'aimant et dans son intérieur entre deux des élémens magnétiques dont il est composé , a également lieu à l'égard d'un élément magnétique qui lui serait étranger et qu'on supposerait placé successivement dans ces deux situations. Il est évident , en effet , que dans le cas où celui-ci serait situé en M assez loin de la ligne AB , il se dirigerait de manière que son pôle austral fût en bas dans la figure , du côté du pôle boréal β , et son pôle boréal en haut du côté du pôle austral α , tandis que s'il se trouvait entre les deux élémens magnétiques ab , $a'b'$, il se dirigerait , au contraire , de manière que son pôle austral fût en haut le plus près possible du pôle boréal b et son pôle boréal en bas du côté du pôle austral a'.

Je suppose maintenant qu'on veuille calculer l'action qu'un conducteur rectiligne indéfini NM (fig. 16), que je supposerai horizontal , exerce sur un aimant AB , dont le milieu C est dans le plan vertical $EFMN$ passant par ce conducteur, l'aimant AB étant aussi horizontal et susceptible de tourner autour de ce point C.

Soit CD la perpendiculaire élevée au point C à ce plan, laquelle se trouve dans le même plan horizontal que l'axe BA de l'aimant, nommons ε l'angle DCA de l'oscillation, angle qu'on suppose très-petit.

Soit la perpendiculaire $AH = a$, la distance $AM = r$, l'angle $HAM = \theta$, d'après la règle énoncée d'abord par M. Biot, l'action relative au pôle austral A exercée par l'aimant sur l'élément Mm du fil conducteur, dont O est le milieu, est dirigée suivant la perpendiculaire OS au plan AMm, et égale à $\dfrac{\mu\, Mm \sin AMH}{r^2}$

que j'ai montré pouvoir s'écrire ainsi $\mu\, \dfrac{2\, AMm}{r^3} = \mu\, \dfrac{d\theta}{r'}$ parce que $2\, AMm = r^a\, d\theta$.

Or, dans le triangle rectangle AHM, on a $r = \dfrac{a}{\cos \theta}$, ainsi la force suivant OS est

$$\mu\, \frac{d\theta \cos \theta}{a},$$

dont l'intégrale, entre les limites θ_1 et θ_2, donne, pour la valeur de la résultante de toutes les forces parallèles exercées sur AB,

$$\mu\left(\frac{\sin \theta_2 - \sin \theta_1}{a}\right).$$

Quand on suppose que le fil conducteur AB s'étend à l'infini dans les deux sens, on a $\theta_1 = -\dfrac{\pi}{2}$, $\theta_2 = \dfrac{\pi}{2}$, ainsi $\sin \theta_1 = -1$, $\sin \theta_2 = 1$ et la résultante est égale à

$$\frac{2\,\mu}{a}.$$

Elle est donc en raison inverse de la distance $AH = a$, du pôle A au fil conducteur.

Cette résultante est, comme toutes ses composantes, dirigée perpendiculairement au plan ANM, et passe par un des points de la droite NM. Dans le cas du conducteur indéfini dans les deux sens, ce point est en H, c'est-à-dire que c'est le pied de la perpendiculaire abaissée du pôle A sur NM, en sorte que la résultante est dirigée suivant l'horizontale HR perpendiculaire à NM, parce qu'à égales distances de part et d'autre de ce point H les composantes sont égales, et donnent par conséquent, deux à deux, des résultantes partielles qui passent par H.

En abaissant du pôle boréal B la perpendiculaire BL sur NM, on trouvera une autre résultante, relative à ce pôle, de toutes les forces exercées par l'aimant sur le conducteur NM. Dans le cas que nous supposons ici où le milieu de l'aimant est dans le plan vertical $ENMF$, cette résultante est égale à la première et a de même pour valeur $\frac{2\,\mu}{a}$.

Pour avoir l'action qu'exerce réciproquement le fil conducteur NM sur l'aimant AB, il faut, suivant les premiers principes de la statique, 1° concevoir en H un point h sans liaison avec ce fil, mais invariablement lié à l'aimant AB; on aura pour première force agissant sur cet aimant une force égale et opposée à la force $\frac{2\,\mu}{a}$ qui est appliquée en H et dirigée suivant HR, cette première force, appliquée au point h lié à l'aimant, aura donc la même valeur, et sera dirigée suivant $h\,R'$;

2.° Concevoir en L un point l qui soit de même sans liaison avec le fil NM et invariablement lié à l'aimant, à ce point l on aura une seconde force appliquée en l, égale et opposée à LT; elle sera par conséquent dirigée suivant $l\,T'$, et aura pour valeur $\dfrac{2\,\mu}{a}$.

Tous les mouvemens que pourra prendre l'aimant résulteront de ces deux forces, et si l'on nomme φ l'angle $A\,H\,G$ qui est égal à $B\,L\,K$, on pourra décomposer chacune d'elles en deux autres forces, l'une horizontale et l'autre verticale; ce qui en donnera quatre, savoir :

1.° $h\,R''$ et $l\,T''$ égales à $\dfrac{2\,\mu\,\cos\varphi}{a}$,

2.° $h\,R'''$ et $l\,T'''$ égales à $\dfrac{2\,\mu\,\sin\varphi}{a}$.

Ces deux dernières agissant dans le même sens, étant parallèles à la verticale $C\,U$ et situées à é   les distances de cette verticale, se composeront en une force unique dirigée suivant $C\,U$, et qu'on pourra supposer appliquée au point C, elle sera détruite par le fil $C\,Z$ auquel l'aimant est suspendu dans l'expérience actuelle; mais s'il ne l'était pas, elle porterait l'aimant vers le conducteur $N\,M$; c'est précisément cette force que j'ai désignée sous le nom d'action attractive ou répulsive (1) dans

---

(1) Cette dernière action est ici attractive, parce que l'aimant est situé de manière que son pôle austral A est à gauche du courant NM.

mon premier Mémoire sur ce genre de phénomènes, où j'ai analysé les mouvemens produits dans l'expérience de M. OErsted.

Quant aux deux forces horizontales dirigées suivant les droites hR'', lT'', et égales à $\dfrac{2\mu \cos \varphi}{a}$, elles formeront évidemment un couple dont on trouvera la valeur en multipliant cette expression par la distance lh des deux forces, distance qui est égale à $2b\cos\varepsilon$, en nommant b la moitié CA ou CB de la longueur de l'aimant prise d'un de ses pôles à l'autre.

Le moment cherché sera donc égal à $\dfrac{4\mu\,\varepsilon \sin \varepsilon \cos \varphi}{a}$, et l'équation du mouvement sera

$$\frac{d\omega}{dt} . \int r^2\, dm = \frac{4\mu\, b \sin \varepsilon \cos \varphi}{a},$$

ω étant la vitesse autour de CU à la distance 1. Plus l'aimant est court, et plus l'angle φ est petit ; on a donc sensiblement $\varphi = 0$, et

$$\frac{d\omega}{dt} \int r^2\, dm = \frac{4\mu\, b \sin \varepsilon}{a}.$$

$\int r^2\, dm$ dans cette équation est le moment d'inertie de l'aimant autour de l'axe CU qui passe par son centre d'inertie C.

On voit, à la seule inspection de la figure, que les forces dirigées suivant hR'', lT'', se réunissent pour amener l'aimant dans la direction CD perpendiculairement plan $ENMF$ en le faisant tourner autour de CU ; mais s'il était d'abord dans cette direction, il y resterait en équilibre, parce qu'alors ces deux forces se trouvent opposées dans la même direction ; en effet, dans ce cas, l'angle ε étant nul, on a $\sin \varepsilon = 0$, ce qui réduit à o la valeur que nous venons de trouver pour le couple. La force qui, en agissant à la distance b de l'axe CU sous l'angle ε, produirait le même effet que ce couple pour faire tourner l'aimant autour de CU, est évidemment égale à $\dfrac{4\mu}{a}$, en faisant toujours $\cos \varphi$ sensiblement égal à l'unité. Cette force est comme l'a trouvée, par expérience, M. Biot en raison inverse de a.

C'est à cause que nous avons supposé l'aimant horizontal et son milieu C dans le plan vertical $ENMF$, que la distance des deux pôles au conducteur NM, et par conséquent les forces relatives à ces pôles, se sont trouvées égales ; d'où il est résulté que les composantes horizontales, dirigées suivant hR'' et lT'', ont formé un couple. Dans ce cas, il est évident que le résultat est identiquement le même que dans l'hypothèse du couple primitif, parce qu'un couple peut être transporté, sans que les effets produits éprouvent aucun changement, dans tout plan parallèle au sien, pourvu qu'il conserve la même valeur et que les nouveaux points d'application des forces soient invariablement liés aux anciens.

Cette identité des résultats produits par les forces appliquées comme elles le sont réellement aux points h et l, et par des forces égales aux premières qu'on supposerait appliquées aux pôles A et B, se voit immédiatement dans le cas que nous avons considéré ici, parce que les composantes horizontales de ces forces forment un couple qui peut être transporté où l'on veut. Cette sorte de démonstration n'a plus lieu quand les pôles *A* et *B* ne sont pas à la même distance du fil conducteur, parce qu'alors les forces qui leur sont relatives n'étant plus égales entre elles, ne se réduisent plus à un couple. Dans ce cas, la même identité dépend d'un autre condition, savoir, de ce que le conducteur qui agit sur l'aimant forme un circuit fermé ou un système de circuits fermés, alors l'identité a toujours lieu comme je l'ai démontré dans la *Théorie des Phénomènes électro-dynamiques*, pag. 157. On sent bien, au reste, qu'à moins qu'une portion du courant électrique ne passe par l'aimant ou par un conducteur lié à l'aimant, cette condition est toujours remplie, ainsi que je l'ai dit dans le même ouvrage, parce que la pile, les rhéophores et toutes les portions de conducteur qui mettent ceux-ci en communication forment toujours un circuit fermé.

Dans les expériences faites par M. Biot, c'était réellement un circuit fermé qui agissait sur l'aimant dont il comptait les oscillations, et cela seul suffit pour démontrer que les résultats obtenus devaient être identiquement les mêmes dans ma manière de considérer l'action d'un fil conducteur et d'un aimant, et dans l'hypothèse du couple primitif. *Voyez*, pour le calcul de ces expériences, l'Ouvrage que je viens de citer, Note v, page 216 et suivantes.

FIN.

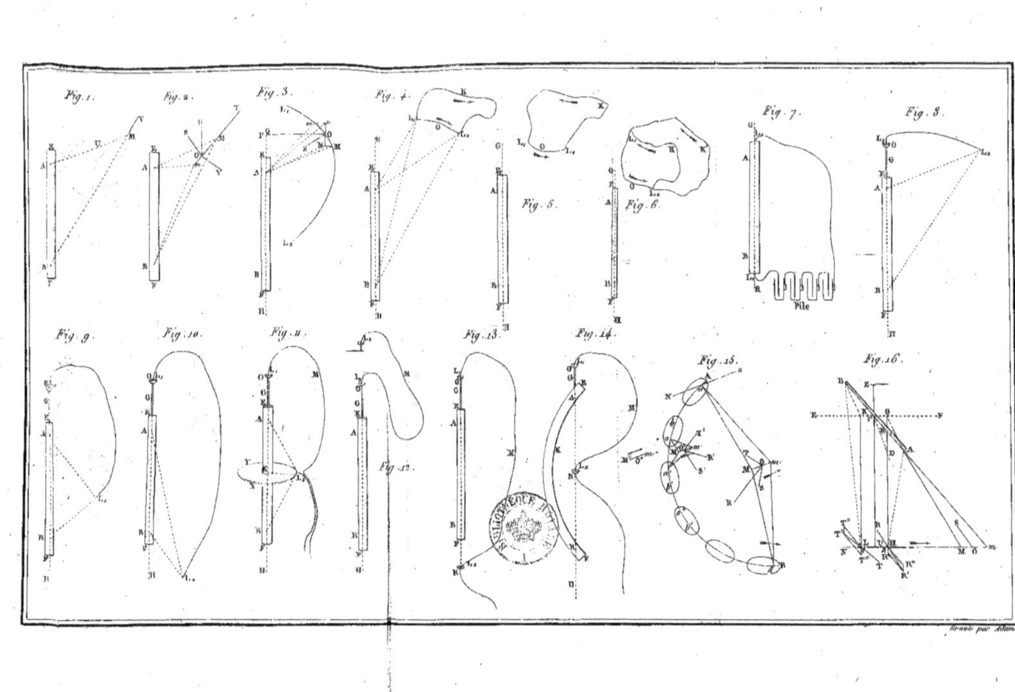

Fig. 1.
Fig. 2.
Fig. 3.
Fig. 4.
Fig. 5.
Fig. 6.
Fig. 7.
Fig. 8.
Fig. 9.
Fig. 10.
Fig. 11.
Fig. 12.
Fig. 13.
Fig. 14.
Fig. 15.
Fig. 16.
Pile
Gravé par Adam